实用 **数学大挑战**
我是理财小能手

投资，让钱对你有用

〔美〕凯蒂·马尔西科 著

王小晴 译

U0191725

人民文学出版社
PEOPLE'S LITERATURE PUBLISHING HOUSE

目　录

投资，
让钱对你有用

Investing

第一章

让钱增长起来！

你有没有听过"钱可不是树上长出来的"这个俗语？或许你上次听到这句话是你问父母要钱的时候！没错，钱确实不会从树上长出来。不过，通过明智的投资还是可能让钱增长的。投资包括为了赚更多的钱而花钱或者存钱。

通货膨胀，或物价上涨是让投资成为明智选择的一个原因。很多年前，农民用四轮马车将蔬菜运送到城镇。那时候，只需要几分钱就可以买到蔬菜。现在有很多蔬菜仍然在城镇里售卖，农民仍然会有收入，但是那些拥有市场的人也会有收入。运输、储藏和

蔬菜的价格一直在增长

其他费用也增加了蔬菜的成本。尽管蔬菜并没有太大的变化，但是比过去贵了几百倍。

制定财务目标帮助人们在即使发生通货膨胀的情况下能够继续支付他们的生活费用。财务目标就是对未来的计划。有两种财务目标——短期目标和长期目标。制定短期目标是为了在最近的将来买东西，比如存钱买一张电影票、一本特别的书或者一件生日礼物。制定长期目标是为了在更久的时间后买更贵的东西，比如存钱买一辆新的自行车或一台新的电脑，甚至大学学费或者创业资金。

有几种不同的投资机会可以帮助人们完成他们的财务目标。让我们看看哪一个最适合你!

生活和事业技能

现在就养成良好的理财习惯,将来会对你有帮助。对于刚开始理财的人来说,试着把零花钱、工资和任何你获得的红包的 10% 存下来。如果可能,试着再投资 10%。你能想出一些你现在应该养成的理财习惯吗?

去看电影之前，你得有足够的钱买票

第二章

存钱选择

为未来存钱的最好方法就是从今天开始存钱。储蓄账户、定期存款(CDs)和政府债券这三种不同的方法都可以存钱并赚钱。

假设你把钱存入银行的储蓄账户。有了储蓄账户,你可以随时取款。如果你的目标是短期目标,这个方法就会有用。

为了留住你的储蓄账户,银行会付给你一些钱,叫作利息。利息通常是按照你存入银行的钱的百分比来计算的。银行为储蓄账户提供的利率通常都很低。

如果你购买定期存款,那么就可能获得更高的利息。这是因为银行在规定的时间里保存你的钱。要是你购买了定期存款,你就是同意将你的钱放入一个特殊的银行账户一段固定的时间。这段期限通常从3个月到10年不等。在你同意的期限结束时,你就能

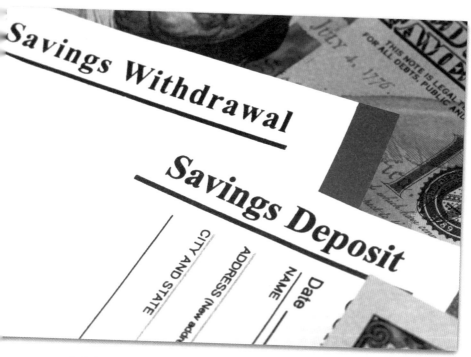

你储蓄账户上的钱越多,赚得的利息也越多

生活和事业技能

　　所以说，银行通过为你保管钱，获得了什么好处？他们使用你存入的这笔资金贷款给其他人。银行贷款的利率通常很高，而存款账户或定期存款的利率又很低。这之间的差额就是银行的利润。

够提取你存入的钱了。（定期存款一般都有固定的金额，比如500美元或者1000美元。）你还可以提取你得到的利息。如果你想提前提取，那么就会被收取一定的罚款。通常还会让你损失一部分的利息。

　　政府债券也能够让你把钱固定投资一段时间。当你购买政府债券时，你是在借钱给政府。作为回报，政府会同意支付你一定的利息，这个利率叫作股息生息率。

政府债券也是一种投资

政府债券有不同的种类。人们最熟悉的有I债券和EE债券。对于这两种情况，兑现不到5年的债券都会收取罚款。罚款通常是过去3个月的利息。

无论你将钱放入储蓄账户、定期存单还是政府债券,几乎都不会赔钱。虽然利率通常不高,但是你从一开始就能知道你能赚多少钱。也有一些投资利率更高,但是风险也更大。继续阅读吧,学习一下更多关于这些以及其他投资机会的优点和缺点。

实用数学大挑战

凯瑟琳的爷爷奶奶给她存了3笔定期存款,每笔2000美元。凯瑟琳知道这笔钱会在定期存款中存一年。在这段时间内,可以赚得5.2%的利息。

· 凯瑟琳在一年之后能够赚到多少利息?

(答案见第28页)

第三章

开动脑筋：货币市场账户

多年来，萨曼莎从做家教和照看孩子的报酬中省下了很多钱。她也会从过生日或者过节收到的现金里省下一些钱。因此，萨曼莎现在存了1500美元了。

她想买几样东西——包括一个新的iPod和一台新的笔记本电脑——或许明年再买吧。与此同时，她还希望从存款当中赚到尽可能多的利息。萨曼莎不能购买政府债券，因为她在一年之内就需

做家教是一种挣钱方法

要用到这笔钱。

　　她也不想把钱存入定期存款。毕竟，萨曼莎也不清楚自己什么时候能找到自己想买的iPod和笔记本电脑。因为不知道自己需要在什么时候提取这笔钱，所以她不想把钱捆绑在定期存款上。萨曼莎目前把钱存在储蓄账户里，可是只有1%的利息。她还有其他的投资渠道吗？

14

萨曼莎的父母给她提供了帮助，将她的存款放入一个货币市场账户。货币市场账户和储蓄账户差不多，但也有一些重要的区别。一方面，货币市场账户通常比储蓄账户的利息更高。另一方面，货币市场账户也往往包含更多的限制条件。

比如，货币市场账户通常要求最低余额。这就意味着你必须在账户中存入一定金额的钱，如果余额低于这个最低值，你就要支付罚款。而且很多货币市场账户会限制你每个月的提款次数。

生活和事业技能

20 世纪 30 年代，有很多银行歇业了。成千上万的人损失了他们的钱。美国政府成立了美国联邦存款保险公司(FDIC)以防止这样的事情再次发生。FDIC 为一个人的银行账户投了最高 250000 美元的保险。因此，就算银行倒闭了，你仍然可以得到至少一部分的钱。

像存款账户一样,货币市场账户是安全的投资你的钱的地方。不过,虽然他们通常支付比储蓄账户更好的利率,可是仍然不高。你是不是在寻找一种能帮你赚更多钱的投资渠道?这样你就必须承担更多的风险。在这个过程中,你还有可能损失一些存款。这样的投资值得冒险吗?我们一起来看看吧!

实用数学大挑战

弗兰克想投资 1400 美元。从下面三种银行存款中选出利息最高的那一种。

储蓄账户:最低存款 1000 美元,有 3.6% 的年利率,弗兰克将所有 1400 美元全都投资进来。

定期存款:1000 美元的 1 年定期存款有 5.1% 的年利率,剩下 400 美元不投资于任何地方。

货币市场账户:4% 的年利率(最低余额 1000 美元,每年可以免费取款三次),弗兰克将所有 1400 美元都投资进来。

(答案见第 28 页)

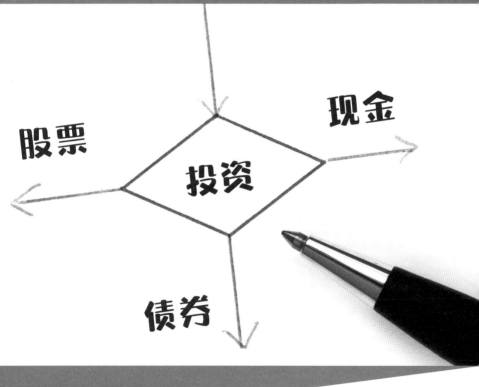

第四章

开动脑筋：
股票

    股票是另一种投资方式。你买了一个公司的股票，就是买了这个公司的一部分。你作为股东，共同承担这个公司的盈利和亏损。你赚钱还是亏钱，取决于公司是否成功。

    当公司盈利的时候，股东就会收到一部分的钱，叫作股息。你拥有的股票越多，你从股息中赚的钱就越多。股东赚钱的第二种方法是以比购入价更高的价格卖出股票。股票的价格随时都在变化，通常与公司正在做的事情有关。很多人几十年来一直持有同一支股票。当他们最终卖出这支股票的时候，价值可能已经是购入时的50倍！

股票市场往往难以预测

进入股市可能会带来极大的压力

生活和事业技能

股票经纪人是为别人买卖股票的人。许多人依靠股票经纪人来决定如何投资。尽管如此,重要的是还为自己的投资负责。试着做一些独立的研究,尽可能地多了解你所投资的公司。

投资股票还有很多其他优势。如果你是一个股东，那么你就能参与到你相信或者享受的事情中来。比如，如果你支持环保问题，你就可能对投资一家研究新能源的公司感兴趣。

不过，投资股票也有一些缺点。当然，最大的问题是，可能有一部分或者全部投资的钱打了水漂。FDIC不会对投资股票的钱提供担保。还有一个缺点是，如果你的钱被股票套牢了，你就不能够立马使用这些钱去买其他的东西。

实用数学大挑战

1月，艾琳娜购买了她最喜欢的电子游戏公司的25股股票，每股32美元。6个月之后，该股票涨到每股46美元。

· 艾琳娜1月的投资价值多少？
· 艾琳娜7月的投资价值多少？
· 到7月，艾琳娜赚了多少钱？

（答案见第28页）

投资股市需要研究，也需要耐心。阅读关于不同公司经营状况的文章和财务报告是非常重要的。此外，通常最好试图避免"选时操作"。选时操作就是在股票价格较低的时候等待买入，希望在价格上涨时卖出。听起来很简单，但是通过这种方法成功赚到钱的人并不多。

　　如果你成为一个股东，那么你就会明白，冒险有时候也是投资的一部分。这就是为什么你要做功课。提前了解所有的事实能够帮助你决定一项投资是不是值得冒险！

第五章

保持平衡

目前来看, 距离上大学也许还有很长一段时间, 不过你还是应该从现在开始攒学费了。同时, 在不久的将来, 你可能还会有其他花费, 比如给你的弟弟或妹妹买生日礼物, 或者今年冬天你想和朋友去滑雪。你能看到平衡长期目标和短期目标的重要性吗?

由于这些计划涉及不同的财务目标, 如果把所有的钱都投资到一种渠道里就并不总是有意义了。这就是为什么让你的投资策略组合更多样化通常更有帮助。投资策略组合就是指你的一系列

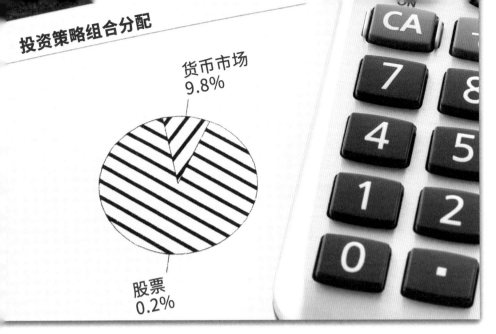

货币市场
9.8%

股票
0.2%

投资策略组合分配

投资。拥有一个多样化的投资策略组合需要把你的钱投入到不同
类型的投资计划中。

或许你会决定把一部分钱存在储蓄账户里,这样虽然赚不到
多少利息,但是在接下来的一年里,如果你想买什么,都可以随时
取出你需要的资金。

或许你还会让父母帮你买一些股票。当然,用这种方法的话,
当你需要钱的时候,取出来就比较麻烦一点。不过时间长一点,你

25

一旦你投资了股票，要时刻关注价值的升降

就很有可能赚到股息。一旦你准备好要去上大学了，这些收益一定会派上用场的！

　　投资策略组合的多样化能够保证投资的安全。假如你把所有的钱都用来购买同一个公司的股票，结果这家公司倒闭了会怎么样？你就一无所有了！同时，想一想把所有钱都存入储蓄账户的结果吧，利率很低，10年你都不可能赚到多少钱。有了多样化的投资策略组合,如果某项投资没有按计划成功,你的经济损失和失望就会少一些。

无论最后你选择哪种投资方式,你都要做一些研究。和你父母还有当地的银行家、理财顾问和股票经纪人聊一聊。问一些问题,查阅一下相关图书和网站上面的信息。一定要时刻记住,你存的越多,利息也就越多。你投资的越多,你赚到的钱也就越多。

二十一世纪新思维

开始投资之前,先进行一些实际操作!先从阅读网上和报纸上的财务报告开始。选择两三支股票观察一个月。制作一个价格变化趋势的表格。月底,浏览一下这些信息,看一看有没有什么股票看起来似乎是好的投资?

实用数学大挑战 答案

第一章
第 11 页
一年后，凯瑟琳将会赚得 312 美元利息。
2000 美元 ×3 ＝ 6000 美元
6000 美元 ×0.052 ＝ 312 美元

第三章
第 16 页
货币市场账户有最高的利息。
储蓄账户：1400 美元 ×0.036 ＝ 50.4 美元
定期存款：1000 美元 ×0.051 ＝ 51 美元
货币市场账户：1400 美元 ×0.04 ＝ 56 美元

第四章
第 21 页
艾琳娜 1 月的投资价值 800 美元。
25 股股票 ×32 美元＝ 800 美元

她 7 月的投资价值 1150 美元。
25 股股票 ×46 美元＝ 1150 美元

到 7 月，艾琳娜赚了 350 美元。
1150 美元－ 800 美元＝ 350 美元

词 汇

余额（balance）： 银行账户里的钱。

多样化（diversify）： 将钱放入不同类型的投资。

股息（dividend）： 从公司的利润当中支付给股东的钱。

通货膨胀（inflation）： 商品和服务物价上涨。

利息（interest）： 存在银行里的钱所赚得的钱。

罚款（penalty）： 合同违约收取的费用。

投资策略组合（portfolio）： 一个人所拥有的一组投资。

股票（stocks）： 一个公司部分所有权的证明。